LES
ORIGINES DE LA VIE

ET

LA PALÉONTOLOGIE

PALÉONTOLOGIE SCIENTIFIQUE

ET

PALÉONTOLOGIE PHILOSOPHIQUE

PAR

EMMANUEL PORTAL

PARIS
—
LIBRAIRIE FISCHBACHER
33, rue de Seine, 33
—
1898

LES ORIGINES DE LA VIÉ

ET

LA PALÉONTOLOGIE

EMMANUEL PORTAL

LES ORIGINES DE LA VIE

ET

LA PALÉONTOLOGIE

Paléontologie scientifique et Paléontologie philosophique

PARIS

Librairie FISCHBACHER, 33, rue de Seine

1898

A

Monsieur Albert GAUDRY

Membre de l'Institut
Officier de la Légion d'honneur
Professeur au Muséum d'Histoire naturelle de Paris
Membre de la Société R. de Londres
et de la Société Géologique de France, etc., etc.

Hommage d'un fervent disciple

Le Chevalier Emmanuel PORTAL

Ingénieur
Officier d'Académie
Chevalier de l'O. R. de la Couronne d'Italie
Membre de plusieurs Sociétés savantes de France, etc.

Palermo, le 27 décembre 1897

~~~~~~~~

La Paléontologie scientifique

~~~~~~~~

I

Longtemps l'étude des fossiles — ces restes de débris organiques, que l'on trouve dans les divers terrains d'origine sédimentaire — ne fut qu'une dépen-
dance de la géologie ; on ne s'attachait qu'à certains
groupes privilégiés d'animaux ou de plantes, qui seuls
étaient considérés comme caractéristiques des divers
étages géologiques : aujourd'hui la Paléontologie est
une science absolument indépendante.

C'est pourquoi, avant de dire un mot des conclusions, touchant le problème de la vie, auxquelles
sont arrivés les philosophes de la paléontologie, il
me paraît utile, dans une première partie, de dire
un mot de cette science et des progrès qu'elle a
accompli dans ces dernières années.

La Paléontologie, dit M. Zittel, dont le grand *Traité de paléontologie*, grâce à la traduction qu'en a faite M. Charles Barrois, professeur à la Faculté des
Sciences de Lille, se trouve entre les mains de tous
les élèves des Universités, « la paléontologie est la

science des fossiles, elle traite des êtres qui ont vécu autrefois ».

Non seulement elle s'occupe de toutes les questions relatives aux faunes et aux flores qui ont précédé celles de l'époque actuelle, mais encore elle aborde l'étude des grands problèmes du développement des êtres et de l'histoire de la terre, qui en sont les corollaires naturels : c'est par là que la paléontologie se rattache à la géologie proprement dite.

Malheureusement, les découvertes de la paléontologie sont subordonnées à celles de la géologie ; or, d'immenses régions du globe terrestre restent à explorer, d'autres se dérobent aux recherches, parce que les couches géologiques sont recouvertes par un épais manteau de terrains superficiels, ou par les flots de la mer, qui occupe, on le sait, les deux tiers de la surface du globe. Enfin, beaucoup d'organismes, composés de parties molles et tendres, ne sont pas passés à l'état fossile ; ils ont disparu, sans laisser de trace de leur existence dans les couches stratifiées.

Ces réserves faites, la science paléontologique peut avec une certitude de plus en plus grande, à mesure que les découvertes s'accumulent et que les recherches se font plus précises, arriver par la connaissance de presque tous les êtres qui ont vécu autrefois, à établir la généalogie des différents groupes d'animaux et de plantes à travers la série géologique.

En un pays où les progrès de l'industrie minière ont rendu classique, en quelque sorte, l'étude de la géologie et même de la paléontologie, je croirais faire injure à mes lecteurs, si devant eux, je venais, moi, simple amateur, traiter *ex-professo*, la question des «fossiles» et des divers modes de «fossilisation» .

Passant sous silence les moyens que la science a

à sa disposition pour la «détermination des fossiles» je réclamerai un moment d'attention sur les services que la paléontologie a rendus à la biologie par *l'extension des connaisances morphologiques* : Ce champ de nos connaissances a été si bien étendu — les formes fossiles, en comblant de nombreuses lacunes dans les classifications systématiques, ont éclairé les relations entre les divers êtres de la nature actuelle — qu'il ne saurait plus être question aujourd'hui, en zoologie comme en botanique, de classification qui laisse de côté ces types fossiles. Bien plus, aucun zoologiste, aucun botaniste ne saurait arriver à des généralisations morphologiques sans de sérieuses connaissances en paléontologie.

Ainsi, bien que des divisions entières du règne animal et du règne végétal n'aient ou ne puissent avoir de représentants à l'état fossile, on peut assurer, d'après le chiffre toujours croissant des découvertes, que le nombre des espèces fossiles n'est pas inférieur à celui des espèces vivantes.

Bien plus, les ordres entiers de reptiles nouveaux trouvés à l'état fossile — les *ptérodactyles* pour ne nommer que les plus connus — nous ont montré les relations existant entre ces différents animaux; comme les *labyrinthodontes* chez les batraciens; les *trilobites* chez les crustacés; les *ammonites* et les *belemnites* chez les mollusques.

D'autres formes fossiles sont venues révéler des affinités inconnues entre des espèces paraissant très différentes dans la nature actuelle : tels les *anoplotherium*, rapprochant les ruminants des pachydermes; les *hipparion* et *anchiterium*, comblant une lacune entre les pachydermes et les solipèdes ; *l'archeopteryx* et les *dinosauriens*, montrant le passage des rep-

tiles aux oiseaux; et les *ichtyosaures*, des poissons
aux reptiles.

Dans ces conditions on conçoit combien sont étroi-
tes les relations de la Paléontologie avec la botanique, la zoologie et l'anatomie comparée. Tout le
monde a présente à l'esprit la loi de la *corrélation*
qui restera la gloire de Cuvier : « Chaque organisme
forme un tout harmonieux, dont toutes les parties
sont régulièrement coordonnées ; chaque fonction de
cet organisme en suppose une série nécessaire d'autres et tous les organes dépendent par suite les uns
des autres, quant à leur disposition et à leur struc-
ture ». En vertu de cette loi, aucun organe ne peut su-
bir de modifications sans que ce changement n'en-
traine avec lui une modification correspondante de
tous les autres organes.

Mais c'est surtout *l'ontogénie* — étude du développement de l'individu et des changements de formes
qu'il présente depuis le commencement jusqu'à la fin
de son évolution — qui est du plus haut intérêt pour
le paléontologiste, car de nombreuses formes fossiles
rappellent des stades embryonnaires des organismes
vivants qui leur sont alliés. Ainsi les poissons et les
amphibiens des temps primaires n'avaient pour la
plupart qu'une colonne vertébrale cartilagineuse ou
incomplètement ossifiée, caractère qui se retrouve
précisément pendant les premiers stades embryonnaires de leurs représentants actuels ; *l'archégosau-
re* fossile, à l'état adulte, respirait par des branchies ;
ses plus proches parents de nos jours, respirent par
des poumons, mais ils ont cependant encore la res-
piration branchiale pendant le jeune âge ; les premiers
échinides fossiles sont tous caractérisés par des ambulacres linéaires : parmi les nombreux échinides vi-

vant dans nos mers, plusieurs, à l'état adulte, ont des ambulacres pétaloïdes, alors qu'à l'état jeune ils ne présentent que des ambulacres linéaires, comme leurs ancêtres ; les *crinoïdes* pédonculés des terrains primaires sont de même comparables à la *comatula*, qui à l'état embryonnaire, présente aussi une tige, qu'elle perd au moment du passage à la vie libre.

Je crois inutile de multiplier les exemples tirés de ces formes fossiles à caractère embryonnaire, que pour ce motif l'on a nommées *types embryonnaires*.

On peut en conclure que : « en thèse générale les premiers phénomènes du développement de l'œuf sont les mêmes chez tous les animaux; dans le même embranchement on observe un assez grand nombre de stades identiques et ce n'est que plus tard et successivement que se manifestent les caractères différentiels des classes, des ordres, des familles et des genres. » Tel est le cas pour les fœtus de tous les vertébrés.

Des faits entièrement comparables sont fournis dans la série géologique par des formes fossiles que pour ce motif l'on nomme des *types collectifs*, présentant réunis sur une seule et même forme, des caractères qui dans des terrains plus récents deviennent spéciaux à des genres et à des familles distincts : ces types collectifs paraissent les avant-coureurs de seconds plus jeunes et plus différenciés. Exemple : les trilobites, les amphibies, les reptiles des terrains anciens, les mammifères du tertiaire inférieur.

La signification des *types embryonnaires* et des *types collectifs* est de montrer le parallélisme du développement de l'individu avec le développement de la série des formes alliées dans le temps; en d'autres termes *l'ontogénie* (développement de l'individu) nous retrace dans ses traits généraux et avec une grande rapidité, la *phylogénie*, c'est-à-dire la succession lente des modifications de la race à travers les siècles.

Si nous passons à l'examen des conditions d'existence et à la répartition des fossiles, nous voyons que la paléontologie, aidée par la géologie, pourra dans un avenir prochain retracer pour chaque période géologique tout un ensemble de provinces naturelles, zoologiques et botaniques.

Au point de vue de la portée historique de la paléontologie, celle-ci est inséparable de la géologie, lorsqu'il s'agit d'établir la succession des fossiles dans le temps et leur descendance : tandis que la géologie ne tend qu'à rechercher l'âge et l'extension des différentes couches, la paléontologie a pour but d'étudier les ensembles de faunes et de flores trouvés dans ces couches, de les comparer entre eux, de fixer leurs rapports avec les formes actuelles, ainsi que leur succession chronologique. En un mot, la paléontologie a pour fin l'histoire de la création organique. Car la paléontologie « a pour but suprême d'exposer et d'expliquer les raisons qui ont déterminé l'apparition, les modifications, le développement et la succession des organismes, raisons qui agissent encore de nos jours ». Par là, notre science touche aux problèmes les plus ardus de la *biologie* et de la *philosophie*; elle a à résoudre la question des « origines de la vie », qui fera l'objet d'un chapitre ultérieur.

II

Dans un premier chapitre j'ai dit aussi succintement que cela m'a été possible, *l'étendue et le but de la paléontologie*; il me reste à parler du *gisement* et de la *succession des fossiles dans les formations géologiques*.

Loin de moi la pénsée de vouloir ici, faisant un véritable traité de géologie, définir ce que l'on entend par *roches sédimentaires* ou *stratifiées* (formées par les eaux) et préciser les divers modes de *formation des sédiments*, ainsi que leur *succession chronologique*, que tout le monde connaît plus ou moins.

Il me sera toutefois permis de rappeler que les fossiles ensevelis dans un dépôt marin, lacustre, fluviatile ou continental, permettent d'arriver aux conclusions suivantes :

1° A l'exception de celles qui ont été métamorphisées par diverses actions chimiques, mécaniques ou de contact (gneiss et schistes métamorphiques), toutes les roches stratifiées contiennent des fossiles : preuve de l'ancienneté et de la continuité de la vie ;

2° Plus on descend la série stratigraphique, plus les types fossiles s'éloignent des formes actuelles et réciproquement, plus on remonte la série, plus on constate d'affinités avec la nature vivante ;

3° Les faunes et les flores se succèdent partout sur toute la terre dans le même ordre et dans les conditions que je viens de signaler ;

4° L'ensemble de la création organique nous montre les traces de nombreux changements : les fossiles qui caractérisent une couche ne se trouvent plus dans les couches qui lui sont superposées, où ils sont remplacés par des formes analogues, ou même différentes ;

5° Chaque espèce, comme chaque individu, possède une vie, dont la durée est limitée : l'espèce disparait fatalement tôt ou tard.

En conséquence, l'âge approximatif d'une couche sera indiqué par le degré de ressemblance de ses fossiles avec les espèces de l'époque actuelle.

Et, sauf quelques restrictions sur lesquelles je n'ai pas à insister (théorie des *colonies* de Barrande, des *faciès* de Renevier, provinces zoologiques et botaniques aux divers âges géologiques) les couches qui contiennent les mêmes fossiles sont en général de même âge. Dans l'état actuel de la géologie on est porté à admettre deux moments de l'histoire terrestre où il y eut extinction presque totale des espèces et renouvellement presque complet des êtres vivants ; c'est pour cela qu'on a, d'abord, réparti les divers systèmes géologiques en trois grands groupes ou *ères* d'une longue durée : le 1", dit *paléozoïque*, va depuis les couches fossilifères les plus anciennes jusqu'au temps de la première grande modification organique ; le 2', *mézozoïque*, s'applique aux systèmes compris entre le premier et le second grand renouvellement de la création ; le 3', *cainozoïque*, comprend toutes les formations suivantes jusqu'à nos jours.

A la base du groupe le plus inférieur s'en présente un autre : *l'archéen*; il comprend les couches stratifiées qui jusqu'à ces derniers temps ont été considérées comme *azoïques*.

Pour mieux comprendre les théories actuellement

en faveur chez les paléontologistes, il nous paraît indispensable de passer, aussi rapidement que possible, en revue les idées que, depuis l'antiquité jusqu'à nos jours, l'on s'est fait de la science des fossiles.

Revue historique. — L'antiquité, qui nous a laissé d'intéressantes observations sur les plantes et les animaux de son époque, ne paraît pas avoir soupçonné la portée scientifique des fossiles. Cependant Xénophane et après lui Hérodote, Eratosthène et Strabon concluent de la présence, à Syracuse, en Egypte, etc.., de coquilles pétrifiées ou d'empreintes de poissons que la mer a recouvert les pays où se trouvent ces restes (1).

Empédocle est, je crois, le premier qui ait entrevu que les formes fossiles pourraient bien appartenir à des espèces différentes des nôtres : pour lui, les os d'hippopotame que l'on trouve en Sicile, à l'état fossile, sont des restes de géants disparus.

Les Romains, qui ne s'intéressaient guère à l'étude de la nature, ne s'occupèrent pas beaucoup des fossiles. Le moyen-âge connut l'antiquité par les Arabes; ceux-ci n'ajoutèrent pas grand chose aux recherches des anciens. Avicenna (Ibn-Sina) reprend la théorie d'Aristote sur la génération spontanée et met au jour sa fameuse *vis plastica* qui fait engendrer les fossiles dans le sein de la terre.

En Italie au XV⁰ et XVI⁰ siècles naissent de vives discussions sur les fossiles. Léonard de Vinci est le premier à affirmer que les espèces marines fossiles ont vécu là où nous trouvons leurs débris et à ad-

---

(1) A ce sujet Zittel (trad. Barrois) pose cette question : le *déluge universel*, dont font mention les traditions de presque tous les peuples, est-il réellement un événement récent, presque historique, ou n'est-il que le résultat de réflexions suggérées par la présence de ces débris marins sur tous les continents? La question reste encore à résoudre.

mettre l'origine sédimentaire des couches qui les renferment.

Fracastore, un autre italien, va plus loin; il admet que la mer a jadis recouvert le pays et y a abandonné les coquilles pétrifiées.

En France, quelque temps plus tard, nous voyons Bernard Pallissy lutter, mais en vain, contre la *vis plastica*, soutenue par les docteurs de la Sorbonne.

Bien plus, en Italie même, la *vis plastica* ou *lapidificata* et le *lusus naturæ* (jeu de la nature) trouvent d'ardents défenseurs.

Le XVII° siècle voit enfin disparaître ces bizarres théories. Dès 1626 en Italie, Fabio Colonna distingue parmi les fossiles les espèces marines, terrestres et d'eau douce.

Steno, en 1669, entrevoit la géologie telle que nous la pratiquons, par l'étude des mouvements orogéniques.

Le XVIII° siècle, qui pour la zoologie fut la période des «systématiciens», s'occupa sérieusement des fossiles. Mais tous ou presque tous les savants étaient des *diluviens*, rapportant tout au déluge mosaïque.

Qui n'a oublié l'*homo diluvii testis* de Scheuchzer: ce squelette de salamandre géante, pris pour un homme !

Bientôt l'hypothèse diluvienne dut céder la place à une théorie *anti-diluvienne*, où les cataclysmes jouent un rôle par trop considérable.

Cependant Hocke entrevoit la possibilité d'établir un ordre chronologique dans la succession des fossiles.

Aussi les amis des « merveilles de la nature » s'efforcent-ils de comparer les espèces fossiles aux types actuels ; on fait des collections, on publie des monographies illustrées, dépourvues en général de toute valeur scientifique. L'Italie, que Zittel appelle

le berceau de la paléontologie, la France, l'Allema-
gne produisent de nombreux mémoires.

Mais voici que Buffon, auquel Zittel rend un écla-
tant hommage, vient de publier ses *Epoques de la
nature*, où à côté de théories que la science actuelle
ne peut admettre on trouve des vues remarquables :
telles les idées sur les fossiles marins et les fossiles
terrestres des divers couches.

Bientôt Werner et Smith, chacun de leur côté,
fondent véritablement la paléontologie stratigraphique. Malheureusement tandis que les disciples de
Werner poussent à ses extrêmes limites la théorie
neptunienne (influence de l'eau) de leur maître, les
élèves de Hutton rapportent tout à l'influence pluto-
nienne (feu central).

Bien plus certains neptuniens, reprenant la génération spontanée d'Aristote, font intervenir la *gelée
primitive* : c'était en d'autres termes la résurrection
de la *vis plastica*.

Mais les vrais paléontologistes, Lamarck, Schlotheim,
Parkinson, Sowerby, poursuivent leur œuvre.
Brongniart et Cuvier décrivent les fossiles tertiaires
du Bassin de Paris. Complétant ce qu'il avait dit dans
ses *Ossements fossiles*, Cuvier condense toutes ses
théories dans son *Discours sur les révolutions du
globe*. L'illustre naturaliste admettait *l'immutabilité*
de l'espèce, en zoologie comme en botanique; et aveo
lui l'ancienne géologie considérait comme absolues
les limites des systèmes et de leur subdivisions; elle
admettait des créations successives, qui les unes
après les autres étaient détruites par une révolution
du globe, par un violent et soudain cataclysme ; est-
il besoin de dire que les recherches récentes, en
prouvant la continuité de la vie et de la sédimenta-

tion, ont de fond en comble détruit cette théorie, plus romanesque que scientifique ?

Toutefois, sous l'empire de ces idées, on chercha à mieux connaître les différentes successions de faunes et de flores, on apporta plus de soins dans la détermination des espèces et le classement géologique des fossiles.

Alcide d'Orbigny, l'immortel auteur de la *Paléontologie française*, créa 27 étages ou subdivisions de terrains ; pour lui chacun de ces étages est limité par une «révolution du globe».

Les allemands, Schlotheim et surtout Bronn, tout en s'opposant à la théorie des cataclysmes, ne modifient en rien les idées de Linnée et de Cuvier sur l'invariabilité de l'espèce. A Lyell nous devons la théorie des causes actuelles, qui, nous débarrassant de la légende des cataclysmes, nous fait entrevoir que «la succession des formes fossiles dans les couches terrestres ne pouvait avoir été interrompue par des cataclysmes universels et les organismes devaient donc se développer et se modifier continuellement d'eux-mêmes»

C'était mettre en cause la *variabilité* de l'espèce : or, dès le commencement du siècle, Lamarck, Geoffroy-Saint-Hilaire, Gœthe, etc., avaient soutenu contre l'école linnéenne que «les espèces étaient *variables,* transitoires et d'existence passagère ».

Darwin reprend cette théorie, qui aujourd'hui est connue sous le nom d'*évolutionnisme* ou *transformisme* : il lui donne une base scientifique et l'appuye sur le principe de la « sélection naturelle». Cet auteur rattache les relations de forme des classifications naturelles à des relations réelles de consanguinéité, en montrant que la nature elle-même modifie les formes et les adapte à des conditions diverses par le principe de la «lutte pour l'existence». D'après lui les fossiles sont les ancêtres des espèces actuellement vivantes et l'étude de la succession géologique des fossiles nous apprend l'histoire de leur développement et nous permet de dresser l'arbre généalogique de leurs représentants actuels.

Quelles que soient les idées que l'on professe à l'égard de l'hypothèse darwinienne, on est obligé de reconnaître que cette théorie de la descendance fut des plus fécondes pour la paléontologie.

Dès qu'on vit dans les fossiles des documents propres à reconstituer l'histoire de la terre et de ses habitants, il s'attacha à leur étude un intérêt qui ne s'est pas démenti. Les immenses matériaux paléontologiques accumulés depuis près de cent ans seraient sans cette idée devenus une longue et indigeste compilation, une accumulation de faits sans portée philosophique.

Dès aujourd'hui, à l'aide des fossiles, on a suivi les différentes formations géologiques sur de vastes régions du globe ; on a pu fixer l'ordre de succession des terrains ; leurs faunes et leurs flores sont connues dans leurs traits essentiels. Par l'étude de la nature vivante, comme par celle des espèces fossiles on peut essayer de retracer la généalogie des organismes. Cette recherche toutefois montre combien sont encore incomplets nos documents paléontologiques : on peut souvent suivre d'anneau en anneau toute la chaîne d'une série organique, mais au bout d'un certain temps on perd la trace et la série est interrompue. Il est vrai que la théorie évolutionniste, elle-même, met en relief ces lacunes paléontologiques. Par elle nous savons approximativement comment devaient être les organismes qui nous ont échappé et dans quel niveau géologique on doit les chercher: tels les chimistes, après avoir formé de nouvelles combinaisons théoriques, les réalisent par la synthèse.

Personne n'ignore que le développement embryogénique d'un individu n'est que la récapitulation rapide du développement paléontologique de l'embranchement auquel il appartient. De plus, comme les formes fossiles très anciennes présentent un ensemble de caractères des stades embryonnaires très jeunes et que les formes fossiles plus récentes ont les caractères des stades embryonnaires plus avancés, il en ressort la possibilité de remplir provisoirement par des formes hypothétiques les lacunes actuelles de la série paléontologique. La théorie de la descendance, en indiquant au paléontologiste la voie qu'il doit suivre pour arriver aux meilleurs résultats, en le forçant à une méthode scientifique plus précise, fournit seule, au naturaliste comme au philosophe, une solution rationnelle du grand problème de l'évolution et de la succession des êtres organisés. « Quant aux causes qui ont amené les variations des espèces, ainsi que leur évolution déterminée, avouons, dit Zittel, que nous n'en avons pas encore de notion exacte ». Le principe de la sélection naturelle proposé par Darwin pour expliquer ces faits est insuffisant dans beaucoup de cas, comme l'admettent, du reste, ses plus chauds partisans eux-mêmes.

A ces lignes nous opposerons dans un prochain chapitre celles que M. Albert Gaudry, membre de l'Institut, un des plus illustres paléontologistes parisiens, vient de publier dans un récent ouvrage.

2me PARTIE

La Paléontologie philosophique

Qu'est-ce que la vie ? Pourquoi tant d'êtres l'ont-ils reçue avant nous ? Telle est la question que se pose M. Gaudry dans un volume qui vient de paraître (1). Ce problème attend encore une solution ; comme le dit le savant professeur du Muséum de Paris « nul ne le comprend, mais c'est un fait. » Aussi dès les âges les plus réculés, l'homme, comme nous l'avons vu dans un précédent chapitre, s'est préoccupé de connaître les origines de la nature, celles des êtres qui l'environnent ou qui l'ont précédé sur cette terre. Mais presque toujours les philosophes seuls ont abordé cet intéressant problème : ils l'ont fait, non en se basant sur les documents scientifiques connus de leur temps, sur les données objectives, mais bien sur les simples vues de leur esprit. (2)

---

(1) *Essai de paléontologie philosophique* — ouvrage faisant suite aux « Enchaînements du monde animal dans les temps géologiques » par M. ALBERT GAUDRY, de l'Institut de France et de la Société R. de Londres, professeur de paléontologie au Muséum d'Histoire naturelle de Paris — 1 vol. gr. in-8- 231 p. et 201 gravures dans le texte. Paris, Masson, 1897.

(2) Voir, à ce sujet, les œuvres de Leibnitz qui dès 1707, en une phrase que M. Gaudry cite (p. 2) émet cette idée «qu'on trouvera des êtres établissant des transitions dans la nature. »

Convaincu que, pour saisir l'histoire du monde animé il faut interroger les fossiles, l'illustre auteur des *Enchaînements du monde animal* a pensé qu'il était temps pour les paléontologistes de prendre part au débat.

Dans un précédent chapitre nous avons vu que la paléontologie, avec Cuvier, a changé de face : de science spéculative elle devient positive ; mais la croyance à la *fixité des espèces* répandue par Linnée, patronnée par Cuvier : *species tot sunt diversæ quot diversæ formæ sunt creatæ* ne permettait pas de songer à étudier l'évolution des types fossiles, à travers les âges géologiques. La paléontologie reste pendant longtemps une annexe de la zoologie. (1)

Si l'on commence à constater que les espèces fossiles n'ont pas été des entités immuables, on les doit, en grande partie, aux efforts de M. Gaudry; dans son ouvrage précité, il a accumulé preuves sur preuves en faveur de la théorie qui voit dans les fossiles « de simples phases de développement de types qui poursuivent leur évolution dans l'immensité des âges. »

Et, si vous allez à Paris, ne manquez pas de visiter la nouvelle galerie paléontologique que M. Gaudry vient d'installer au Muséum: là, si vous voulez étudier l'histoire de la vie, vous n'aurez qu'à suivre les

____

(1) Cela est si vrai que lorsqu'en 1853 au Muséum d'histoire naturelle de Paris on créa une chaire de paléontologie, cette création souleva les plus vives protestations, si bien qu'en 1868 un arrêté ministériel était rendu pour consacrer officiellement le démembrement des collections paléontologiques entre les divers services (zoologie, anatomie, etc.) chargés des animaux vivants. Impossible par conséquent de constituer des collections générales présentant la succession géologique et morphologique des êtres fossiles.

changements subis par les êtres depuis les siècles primaires jusqu'à nos jours.

De cet ensemble se dégage un fait évident : « un plan domine cette vaste et magnifique histoire. » M. Gaudry est le premier à reconnaître que la Paléontologie est une « science qui est à son aurore »; mais dès à présent on peut avec lui rechercher ce *plan de la création*, qui, outre son intérêt philosophique, a aussi de l'importance pour la géologie pratique.

Et, en effet, jusqu'à présent la détermination des couches géologiques a été quelque peu empirique : elle tend à devenir rationnelle parce que les géologues sont les premiers à reconnaître qu'un des meilleurs moyens pour fixer la date d'un terrain est de savoir le stade de développement des fossiles qu'il renferme.

**

En premier lieu M. Gaudry pose ce principe : *le monde animé est une grande unité dont on peut suivre le développement comme on suit celui d'un individu.* Si nous examinons les séries paléontologiques, depuis la période la plus ancienne jusqu'à celle qui a précédé les temps actuels, nous constatons des changements successifs : chaque époque a sa physionomie propre, chaque phase de chaque époque présente aussi des traits particuliers : « les jours du monde se suivent et ne se ressemblent pas », selon la jolie phrase de l'auteur que je prends pour guide.

Mais si manifestes que soient les différences elles ne sont nullement radicales, puisque dès les siècles primaires la nature animée avait des traits généraux de ressemblance avec la nature actuelle; c'est pour-

quoi la paléontologie n'a fait découvrir aucun embranchement nouveau, aucune classe ou sous-classe
nouvelle. De toutes ces preuves qu'à mon vif regret
je ne puis développer, il résulte que : puisque le
monde fossile n'est pas distinct du monde actuel, il
n'y a qu'un monde unique qui s'est développé depuis
les plus anciens âges jusqu'à nos jours: il peut donc
être étudié comme un individu. (1)

De même qu'un vieillard, arrivé à la limite de l'âge,
ne peut préciser les moments exacts où il a passé
de l'enfance à la jeunesse, puis à l'âge mûr et enfin
à la vieillesse, de même il est difficile de dire à quel
instant précis le monde a passé successivement de
son état primaire à son état secondaire, de celui-ci
à son état tertiaire, et de celui-ci à son état quaternaire ou actuel, tant l'évolution des êtres a été lente
et continue.

Dans le développement de l'homme « l'être par
excellence » on peut constater six phases principales : 1° multiplication des parties constituantes ; 2°
différenciation des parties; 3° accroissement des parties; 4° progrès de l'activité ; 5° progrès de la sensibilité et 6° progrès de l'intelligence. Dans la première
phase apparaissent de nombreux points d'ossification
qui deviendront des os séparés ; dans la deuxième,
des points d'ossification, semblables au début se différencient en même temps qu'ils se multiplient; dans
la troisième, en même temps qu'elles se multiplient
et se différencient, les parties s'accroissent; dans la

---

(1) En ma qualité de petit-fils de provençaux, il m'est très agréable
de constater qu'un géologue vauclusien écrivait ceci dès 1862 : « Il n'y
a pas eu deux mondes vivants ; le moderne n'est que la continuation
de l'ancien. » (S. Gras, cité par M. Gaudry, p. 11.)

quatrième, de l'existense passive dans le sein de sa mère l'individu arrive à la vie active ; dans la cinquième, la sensibilité augmente en même temps que l'activité et souvent la détermine ; dans la sixième, apparaît l'intelligence : venue la dernière, elle s'en ira la dernière avec la sensibilité; elle consolera le vieillard de l'affaiblissement ou de la perte de ses autres facultés.

Considérée dans l'ensemble des temps géologiques l'histoire du monde animé est à peu près celle d'un homme dans sa courte vie. C'est ainsi que M. Gaudry étudie successivement : 1° la multiplication des êtres à la surface du globe ; 2° leur différenciation ; 3° leur accroissement ; 4° les progrès de l'activité ; 5° ceux de la sensibilité ; 5° ceux de l'instinct et de l'intelligence.

I

Multiplication des êtres. — Nous savons qu'il existe un nombre immense d'animaux ; la paléontologie nous montre qu'il en a existé une quantité plus considérable encore, depuis une antiquité très reculée; mais tous ne sont pas venus en même temps. Comment donc le globe a-t-il été peuplé ?

1° *La multiplication des êtres a été facilité parce qu'à l'origine ils ont été très protégés.* Pour répondre à cette première proposition, M. Gaudry rappelle le terrible dualisme des philosophes de l'antiquité : la lutte de la vie et de la mort, de la formation et de la destruction, du bien et du mal, lutte aussi vraie pour l'histoire de l'humanité que pour celle du monde animé.

Les êtres ont une puissance de multiplication supérieure à celle de la destruction ; en outre les animaux anciens ont eu des organes particuliers de défense qui leur ont permis de résister et de se multiplier.

L'homme, le roi de la création, venu le dernier, a son corps absolument nu, et cependant tout nu, il a combattu les grands ours, les lions, les mammouths, il a traversé les temps glaciaires : « il a bien su se défendre, son génie est sa cuirasse. »

2° *La multiplication des êtres a été facilitée parce qu'à l'origine ils ont été moins attaqués.* Non seulement les anciens êtres ont été mieux défendus, mais encore ils ont été moins attaqués. Les carnivores, si nombreux aux époques plus récentes, sont rares et même inconnus pendant les temps primaires.

Après avoir énuméré les preuves paléontologiques de cette assertion, M. Gaudry ajoute: « on a dit que les êtres des divers âges géologiques ont engagé des luttes ou les plus forts ont vaincu les plus faibles, de sorte que le champ de bataille est resté aux mieux doués; le progrès serait la résultante des combats et des souffrances du temps passé : telle n'est pas l'idée qui ressort de l'étude de la paléontologie. » Celle-ci nous montre chez les êtres anciens ce que nous trouvons chez les types actuels: des organes en rapport avec leurs fonctions, qui par la suite des temps deviennent de plus en plus élevées ; l'humble graine devient un arbre chargé de fleurs et de fruits; l'œuf donne naissance à une créature compliquée et charmante. Alors comme aujourd'hui « tout était bien ordonné » car « il ne faut pas croire que l'ordre soit sorti du désordre » et, dans son ensemble, le monde géologique est « un théâtre majestueux et tranquille ». De même que depuis longtemps les géologues ont renoncé aux vieilles théories des cataclysmes et des révolutions du globe, de même les nouvelles découvertes paléontologiques nous obligent à considérer comme pur roman « les luttes épiques » des animaux d'autrefois, du *machairodus* contre le *dinotherium* ou du *megalosaurus* aux prises avec l'*iguanodon* : le combat fut l'exception et l'harmonie fut et est restée la règle.

Envisagée ainsi, la vie ne nous apparaît-elle pas sous un aspect plus grandiose et moins triste que celui sous lequel les « romanciers de la nature » avaient coutume de nous la montrer ?

3° *La multiplication des êtres s'est produite successivement pendant le cours des âges géologiques.* Si, comme l'admettent les géologues, notre planète a eu d'abord une température très élevée, il y eut un temps où la chaleur était trop forte pour que des êtres organisés pussent y vivre : il est du reste naturel que l'apparition de la vie ait eu lieu après celle du règne minéral, comme il est permis de penser que l'existence des organismes remonte très loin dans l'histoire de la terre. On sait, en effet, que les algues, par exemple, supportent une température de 85°. Il est vrai que les plus anciens terrains sédimentaires n'ont encore fourni ni algues, ni microbes (1). Sans avoir recours aux nombreuses preuves établies par M. Gaudry pour chacune des époques géologiques, il suffit d'avoir fait tant soit peu de paléontologie pour être convaincu de la multiplication progressive de la vie et des organismes. Le prouver pour les temps actuels me

---

(1) C'est seulement dans le terrain houiller et le permien que M. Renault a récemment découvert des microbes, autour desquels les adversaires du transformisme ont fait grand bruit. Ici n'est pas le lieu de discuter leurs objections : qu'il me suffise de rappeler, après M. Gaudry, que des organismes tels que les algues et les microbes ne se conservent à l'état fossile que dans des conditions exceptionnelles.

paraît de la superfétation ; les animaux à sang chaud, surtout, se multiplient à notre époque, où le rôle des organismes inférieurs est immense.

En résumé, « malgré la multitude des êtres qui ont disparu aux diverses époques géologiques, je pense, dit M. Gaudry, que la somme des apparitions a surpassé celle des extinctions, jusqu'à la fin de la période miocène. Je n'ose assurer que depuis cette période il n'y a pas eu quelques diminutions; mais ce qu'on peut affirmer, c'est qu'il y a de nos jours une fécondité prodigieuse. »

II

De la différenciation des êtres. — De nos jours la nature animée présente une étonnante différenciation, qu'il serait oiseux de rappeler. Mais comment s'est-elle produite?

Cette différenciation, entrevue par Pictet et par Bronn, a dû avoir lieu plus lentement dans les terrains anciens, pour la raison bien simple que les changements des animaux inférieurs sont moins rapides que ceux des animaux supérieurs. (Cf. Gaudry : *sur la longévité inégale des animaux supérieurs et des animaux inférieurs dans les dernières périodes géologiques*). (1) N'oublions pas que les expéditions du *Talisman* et du *Travailleur* ont fait connaître des mollusques de mer profonde, dont les espèces n'étaient encore connues qu'à l'état fossile; n'est-il

---

(1) Voir aussi dans « Les animaux fossiles du mont Léberon », du même auteur, le chapitre : *les mammifères miocènes confirment la croyance que les types des êtres supérieurs ont été plus mobiles que ceux des êtres inférieurs.*

pas évident que la simple coquille d'un mollusque n'offre pas autant d'occasions de changement que le squelette d'un vertebré et surtout d'un mammifère ? C'est pourquoi M. Gaudry peut dire : « les mammifères sont de tous les animaux ceux qui marquent le mieux l'heure au grand calendrier des âges géologiques ». La longévité a été plus grande dans les temps anciens, et, par suite, la différenciation s'est produite alors avec plus de lenteur : aussi les êtres supérieurs n'ont-ils pris leur développement qu'à une époque assez récente. Toutefois, le Cambrien, le plus ancién terrain dont la faune nous soit bien connue, présente déjà une différenciation si marquée que l'on en a pris texte pour attaquer « l'évolutionnisme ».

Nous devons plutôt, avec M.Gaudry, reconnaitre « notre ignorance des débuts de l'histoire du monde » et supposer « un laps de temps immense entre l'apparition des premiers êtres et l'époque Cambrienne. » Quoi qu'il en soit, celte constatation nous oblige à rejeter les théories des outranciers de l'évolutionnisme ; « il faut, dit le même auteur, rejeter l'idée d'un tronçon unique, se divisant en branches, pour y substituer l'idée de tiges multiples ». Les paléontologistes, aussi bien que les embryogénistes, reconnaissent qu'il n'y a pas eu « un enchainement unique, mais bien plusieurs enchainements d'êtres dont le développement s'est poursuivi d'une manière indépendante ». (Cf. Gaudry, *Enchainements des fossiles primaires*).

Celte différenciation, visible dès l'époque cambrienne, est bien faible comparativement à celle de la nature actuelle : la géologie et la paléontologie s'accordent pour montrer qu'elle s'est progressivement accentuée pendant la succession des étages stratigraphiques.

Pour prouver cette différenciation on pourra, lorsque les progrès de la paléontologie le permettront, non seulement étudier la généalogie des familles fossiles, mais encore faire l'histoire de l'évolution de chaque organe : on verra alors combien les êtres ont présenté une différenciation de plus en plus tranchée.

III

De l'accroissement des êtres. — Il me paraît inutile d'insister sur cette proposition tant elle est évidente et M. Gaudry est pleinement autorisé à dire : « comme un individu grandit en passant de l'état embryonnaire à l'état adulte, les corps des créatures qui ont peuplé notre globe ont grandi à mesure que le monde animé passait de l'état initial à celui du complet développement ». A la fin de l'ère primaire, le règne minéral et le règne végétal offraient des scènes déjà majestueuses, tandis que le règne animal avait peu de prestige. Dès l'ère secondaire tout change : « c'est dans la période jurassique que les puissances brutales ont eu leur règne. » Ce règne se continue pendant tout le crétacé.

Avec l'ère tertiaire paraissent les vertébrés à sang chaud, « le règne du beau a succédé au règne du grand (1) ». Néammoins, le miocène a vu l'apogée des grands mammifères terrestres, et à l'époque actuelle régnent des mammifères marins de taille gigantesque. « En résumé, dit le philosophe de la

____

(1) « L'humanité n'a fait que reproduire la marche que le Créateur a suivie en façonnant le monde animé; car elle a fait du grand en Egypte et en Babylonie, avant de faire du beau dans la Grèce et en Italie ». GAUDRY, *op. cit.* p. 62, note 5.

paléontologie, l'Auteur du monde étant la puissance infinie, chaque époque a reçu quelque reflet de cette puissance ». Dès l'origine, le règne minéral a sans doute offert d'imposants spectacles : plusieurs ordres d'invertebrés ont eu pendant l'ère primaire leurs principaux représentants, les gigantesques vertebrés à sang froid ont été cantonnés dans l'ère secondaire; les plus grands mammifères ont vécu pendant l'ère tertiaire; l'homme, plus faible de corps, mais plus fort que tous les êtres par son génie, règne depuis l'ère quaternaire. Mais, comment expliquer philosophiquement ces apogées successifs ?

M. Gaudry pense que si plusieurs des invertébrés ont pris tant d'importance dans les premiers jours primaires, c'est parce que les vertébrés ne leur disputaient pas l'empire de la terre et de la mer : si, durant l'ère secondaire, les reptiles sont devenus les plus gigantesques créatures qui aient jamais paru, c'est qu'ils n'ont pas été gênés par les mammifères, plus agiles, plus adroits, plus intelligents. Le développement si magnifique de ces derniers, à l'époque tertiaire, n'a pas été entravé par l'homme ; en outre, l'extension des graminées et des angiospermes a favorisé la multiplication des mammifères herbivores dont les espèces furent et sont encore les plus nombreuses, de même que l'accroissement des herbivores a facilité celui des carnivores qui se sont nourris de leur chair.

Mais ce n'est pas tout ; car, dit le même auteur, « certainement, à ces causes, il faut en ajouter d'au- « tres que nous ignorons. »

Les ignorerons-nous toujours ? Je ne le crois pas, car nous sommes arrivés « à cet état de la science « où l'on constate beaucoup de choses, où nous en « expliquons très peu ».

Ce serait une erreur de croire que la progression

dans la grandeur du corps des animaux a été indé-
finie. La vérité est qu'il y a eu des *limites* : pour les
articulés dans le Primaire; pour les reptiles dans la
Secondaire; pour les mammifères terrestres dans la
Tertiaire.

Or, le perfectionnement des êtres semble continu.
Une conclusion s'impose donc : « le développement de
« la matière n'est pas la condition du progrès. »
Après M. Gaudry, nous pouvons affirmer que le
progrès réside dans une sphère plus haute.

IV

Progrès de l'activité. — Nous venons de voir que
les êtres organisés, aussi bien les végétaux que les
animaux, se sont peu à peu multipliés, différenciés et
agrandis au cours des temps géologiques. Il nous
reste à étudier ce qui caractérise le progrès chez les
animaux, c'est à dire l'expansion des facultés qui
leur sont propres et qui trouvent leur couronnement
chez l'espèce humaine : ce sont l'activité, l'instinct,
la sensibilité et l'intelligence.

Voyons d'abord les progrès de l'activité.

D'après ce que nous savons des débuts de la vie
aux premiers âges du globe, les scènes de la nature
furent d'abord tranquilles : les figurants étaient des
personnages muets pour la plupart, jouant un rôle
plus passif qu'actif.

Plus tard les scènes, de plus en plus animées, sont
tenues par des acteurs qui, successivement, déploient
toutes leurs facultés. On voit apparaître, de plus en
plus marquées, celles qui produisent la « vie de
relation » c'est à dire les fonctions de locomotion et
de préhension.

Histoire de la locomotion et de la préhension.— Ces fonctions ont pris plus d'importance à mesure que le monde a vieilli.

Je ne veux pas fatiguer le lecteur par l'énumération des preuves apportées par M. Gaudry ; qu'il me suffise de rappeler combien d'êtres ont été emprissonnés et enchaînés durant l'époque primaire.

Durant l'ère secondaire, les poissons, plus perfectionnés que leurs ancêtres des temps paléozoïques, ont éprouvé des modifications qui, (remarque M. Gaudry), ne sont pas sans analogie avec celles que la science a imposées à la marine de guerre. Mais ce n'est qu'à l'époque actuelle que les poissons ont atteint leur maximum d'agilité, si bien que : « l'agi- « tation et l'inconstance de la mer semblent s'em- « preindre sur les êtres qui vivent au milieu de ses « ondes, dans la souplesse, la rapidité et la vivacité « de leurs allures. » (Moquin-Tandon).

Déjà, au sein des océans de l'époque mézozoïque, il y avait une agitation extraordinaire. En même temps que des bandes de poissons, de céphalopodes (ammonites et bélemnites), on voyait les grands reptiles (ichtyosaurus, etc.). Mais c'est surtout l'histoire des oiseaux et des mammifères qui prouve combien l'activité animale s'est accrue des temps secondaires à nos jours : besoin est-il de citer les cerfs, les gazelles et nos chevaux de courses ? — Le singe dont l'agilité est bien connue, est fait non pour rester debout, mais pour grimper. L'homme est, de tous les êtres, le seul adapté pour la station verticale ; seul, dans sa marche ordinaire, il regarde droit devant lui et au-dessus de lui.

Notre époque voit les cétacés qui nagent le mieux,

les oiseaux qui volent le mieux, les chevaux qui courent le mieux et enfin l'homme qui marche le mieux.

Si les fonctions de locomotion ont progressé depuis les temps anciens jusqu'à nos jours, il en a été de même des facultés de préhension.

En un mot, de nos jours, les facultés d'activité sont dans toute leur magnificence. En présence des progrès réalisés par notre siècle qui pourrait dire où s'arrêtera l'activité humaine !

V

PROGRÈS DE LA SENSIBILITÉ. — Au regard de la philosophie, les phénomènes de sensibilité se divisent en deux classes : 1° les sensations, 2° les sentiments affectifs.

Les sensations, c'est-à-dire les impressions produites par les êtres ou les choses sur la vue, l'ouïe, l'odorat, le goût et le toucher, semblent être devenues de plus en plus intenses, à mesure que se déroulaient les époques géologiques et que les manifestations de la nature se produisaient avec plus de puissance. Sans entrer dans les détails techniques fournis par M. Gaudry, nous allons passer rapidement en revue l'histoire des sensations.

Histoire de la vue. — Il est évident que la *forme* et la *couleur* ont existé avant qu'il y eût des êtres pour en percevoir les sensations. Ainsi pendant l'ère azoïque il y avait des minéraux de toutes formes et de toutes couleurs ; le ciel et les mers ont pu offrir des spectacles magnifiques. Mais, dans le monde animé, la forme et la couleur n'ont acquis toute leur diversité qu'à une époque relativement récente.

A l'époque houillère, où la vie avait cependant accompli plus de la moitié de sa course à travers les âges géologiques, le paysage était essentiellement monochrome.

C'est seulement au milieu de l'ère secondaire qu'ont apparu les phanérogames, dont les fleurs et les fruits ont des teintes multicolores. De même que les plantes, les animaux se sont ornés au cours des temps géologiques: les mieux doués sont les insectes et les oiseaux, mais les premiers n'ont eu leur complet développement qu'à l'époque tertiaire, qui a vu apparaître le règne des seconds.

Comme tout est harmonie dans la nature il est vraisemblable que le sens de la vue a augmenté à mesure que les formes et les couleurs se sont de plus en plus diversifiées.

Comme de nos jours, les polypes et les échinodermes n'ont eu que peu ou point de vision. Par les genres actuels on sait que les mollusques anciens n'ont été guère mieux favorisés. Toutefois il semble établi que les crustacés primaires ont joui de la vision, (1) moins cependant que les crustacés des temps secondaires.

Dès leur apparition, les quadrupèdes ont eu, semble-t-il, des organes de vision bien développés. Mais ce n'est qu'à l'époque tertiaire que règnent les oiseaux dont la vue est la plus perçante et les mam-

____

(1) Voir à ce sujet les travaux de M. Mathieu, signalés par M. Barrois dans une récente communication faite à la Société géologique du Nord.

mifères, dont les yeux laissent lire les divers sentiments qui les agitent (chez les phoques, les cerfs, les
chiens, etc).

A l'époque actuelle, n'est-il pas vrai que les yeux
des créatures humaines, source de passions, mais
aussi de dévouements, sont les plus beaux et les plus
tendres?

Histoire de l'ouïe. — Avec les formes et les couleurs, les bruits, les chants de la nature ont progressé d'âge en âge.

Ce n'est que vers la fin de l'ère primaire qu'ont
apparu des animaux faisant entendre des bruisse-
ments.

Ces bruits ont certainement augmenté au cours des
âges secondaires et surtout durant la période tertiaire. Les cris des animaux, de nos jours, sont aussi variés qu'innombrables, (comme grenouille, cra-
paud, serpent, crocodile, tous les mammifères). Je
mets à part les oiseaux dont les chants mélodieux
charment nos bois et nos forêts.

S'appuyant sur des preuves qu'il serait oiseux
d'énumérer, M. Gaudry établit que les organes de
l'ouïe ont dû se perfectionner pendant que les bruits
de la nature allaient en augmentant. Seuls les mammifères ont d'ailleurs complétement développé
l'appareil auditif ; mais, chez l'homme, cet appareil
est porté à son extrême perfection, si bien que
pour lui la musique est un des arts qu'il préfère et
qui l'émeut le plus.

Histoire de l'Odorat. — Rares et uniformes au début, les odeurs se sont développées de plus en plus,
surtout lorsque les fleurs sont venues apporter toute
une gamme de parfums.

L'olfaction chez les invertébrés est nulle ou peu développée ; dès qu'ils ont apparu sur la scène du monde les vertébrés ont eu des narines ; mieux doués sont les mammifères qui, eux, possèdent un nez, c'est-à-dire un organe capable de recevoir et de percevoir les moindres effluves.

Chez l'homme à l'état sauvage, cette faculté a servi à découvrir ou distinguer les aliments, à reconnaître les amis ou les ennemis ; aujourd'hui, elle devient une source de jouissances. L'odorat a donc été en se perfectionnant.

Histoire du Goût. — Le sens du goût est réalisé par des organes mous, qui n'ont pu se conserver à l'état fossile. Mais, procédant par analogie d'une part avec ce que nous savons de l'histoire des autres sens et de l'autre avec ce que nous montre la nature actuelle, nous pouvons affirmer que la faculté de la gustation a progressé pendant le cours des temps géologiques.

De tous les animaux, les mammifères ont le goût le plus délicat. Seul l'homme, dont la finesse du goût est bien connue, leur est supérieur, si bien que l'organe de la gustation est chez lui une source de volupté. L'Eglise n'a-t-elle pas rangé la gourmandise au nombre des sept péchés capitaux ?

Histoire du toucher. — Les premiers animaux ont possédé ce sens, mais il a été proportionné à la faculté d'activité, c'est-à-dire qu'il a été très faible.

Il est même certain que les mammifères primitifs ont eu un toucher moins délicat que celui de leurs congénères actuels.

L'homme seul a un corps tout nu, recouvert d'une peau très fine : outre son caractère esthétique, cette

nudité communique à toute la surface de son corps
une impressionnabilité qui en fait une créature exqui-
se de sensibilité.

Histoire des sentiments affectifs. — Après avoir
parlé des sensations, objectives puisqu'elles vont du
non-moi au moi, il nous reste à parler des sentiments
d'affection, subjectifs puisqu'ils vont du moi au non-
moi.

Il est certain que ce qui se passe en nous se passe
aussi chez les animaux, mais avec moins de force
et plus d'inconscience, l'énergie de leur moi étant
plus faible.

Le plus répandu des sentiments affectifs est l'a-
mour sexuel.

Peu marqué à l'époque primaire — règne des invertébrés, dont l'immense majorité ne pouvait avoir
des relations sexuelles — cette faculté s'est développée durant l'ère mézozoïque, qui a vu l'accouple-
ment des reptiles, animaux à sang froid ; elle s'est
épanouie au cours de l'ère tertiaire, règne des animaux à sang chaud.

Chez l'homme, du moins chez la créature digne
de ce nom, l'amour sexuel s'est si bien ennobli que
l'union des âmes y joue un rôle égal et même supérieur
à celle des corps.

Plus tardivement encore s'est développé l'amour
maternel. Rares sont les invertébrés qui prennent
soin de leurs œufs; certains poissons, quelques reptiles s'intéressent à leur progéniture. Tout autres
sont les oiseaux qui chauffent et élèvent leurs petits
et plus encore les mammifères qui nourrissent les
leurs de leur lait, c'est-à-dire leur propre substance.

Qui recontera les dévouements et les sacrifices que
l'amour maternel inspire à la femme ?

Qui pourra dire tout ce dont l'homme est capable pour assurer la nourriture et le bonheur de ses enfants ?

En dehors de l'amour sexuel et de l'amour maternel les animaux peuvent témoigner des sentiments affectifs : ceux-ci, peu manifestes chez les invertébrés, chez les poissons et même chez les reptiles, sont très-évidents chez les mammifères, qui savent faire connaître leurs sentiments d'amour ou de haine.

Est-il besoin de rappeler l'attachement des animaux domestiques pour l'homme? Le chien et le cheval en sont des exemples frappants. Quant à l'espèce humaine on peut affirmer que les êtres qui n'aiment pas sont des incomplets.

L'homme véritable aime son Dieu, sa patrie, sa famille, ses amis ; il ne se contente pas de simples sensations physiques, il veut le Bien, le Bon et le Beau; il a le sens de l'Au-delà.

VI

Progrès de l'intelligence. — La plus haute des facultés, l'instinct des animaux, l'intelligence de l'homme a été rudimentaire aux premières époques géologiques et elle a été grandissant jusqu'à l'ère actuelle, où elle présente un épanouissement complet.

Les progrès de cette faculté peuvent être constatés, car, dans une certaine mesure, ils sont liés au développement et à la concentration de la substance nerveuse.

Peu ou pas de concentration chez les invertébrés ; les poissons n'ont guère été mieux partagés ; même les reptiles géants de l'ère secondaire ont, selon l'affirmation de M. Gaudry, été des êtres stupides. La progression du cerveau chez les mammifères se constate de l'éocène à l'oligocène ; le cerveau s'est compliqué à partir du miocène. Enfin dès les débuts de l'époque quaternaire l'homme se montre avec une immense supériorité d'intelligence. L'histoire géologique est là pour le prouver, aussi bien aux temps de *l'Elephas antiquus*, du rhinocéros de Merck, qu'au temps du mammouth, du grand lion, des ours géants et des hyènes.

Malgré ces ennemis, en dépit de la rigueur du climat, nos aïeux cousaient leurs vêtements, ils ébauchaient des gravures et même des sculptures « Saluons-les avec respect, car c'étaient des braves et des artistes ! » Après eux le genre humain a eu un développement qui tient du prodige. Si les Grecs, ont créé le culte du Beau — le beau plastique — le Christianisme a apporté l'amour du Bien — ce beau moral—.

De nos jours les œuvres véritablement scientifiques marquent un progrès dans la recherche du Vrai. Et comme le dit fort bien M. Gaudry, Dieu seul peut savoir où ce progrès s'arrêtera !

VII

Applications scientifiques de l'étude de l'Évolution. — L'auteur que j'ai pris pour guide a parfaitement raison de dire que la science pure, la science spéculative fournit des applications pratiques au moment où l'on s'y attend le moins.

Lorsque M. Gaudry d'un côté et Rütymeyer de l'autre, commençaient leurs études sur les Enchaînements des mammifères fossiles, ils étaient principalement mus par une pensée philosophique, ils avaient des aspirations vers les idées de simplicité et d'unité qui paraissent le but suprême de toute science. Il est vrai qu'à cette époque déjà lointaine les chefs de l'école française étaient notoirement hostiles à la doctrine de l'Evolution.

Au début de la seconde partie de cette étude j'ai rappelé que les zoologistes du Muséum d'histoire naturelle de Paris, se sont pendant de longues années refusés à regarder la Paléontologie comme une science distincte, destinée à retracer l'histoire de la Création.

Les géologues ont eu presque autant de peine que les zoologistes à accepter la nouvelle science.

Cela est si vrai que lorsqu'il fut question de faire entrer à l'Institut de France, un paléontologiste trop connu pour qu'il soit besoin de le nommer, les membres de l'Académie des Sciences qui composaient alors la section de minéralogie et géologie déclarèrent qu'à leur sens la paléontologie, — celle surtout qui traite de l'évolution des êtres, — intéressant plus la Zoologie ou la Botanique que la Géologie, il n'y avait pas lieu d'admettre un paléontologiste. Heureusement pour la paléontologie française l'Académie, à une grande majorité de voix, repoussa cette étroite manière de voir.

Mais soyons justes : si des savants illustres ont fait peu de cas de la paléontologie évolutionniste, c'est qu'évidemment celle-ci n'avait pas suffisamment prouvé son utilité pratique; voyons donc les services qu'elle peut rendre aux géologues et aux zoologistes.

Applications géologiques. — Dans la première partie de notre travail, nous avons montré que sans le secours des fossiles, il est impossible de déterminer l'âge des terrains sédimentaires. Mais nous avons vu que pendant longtemps cette détermination a été empirique : on ignorait, en effet, pourquoi tels fossiles se recontrent dans telle couche, à l'exclusion de tels autres.

Or, s'il y a eu une évolution régulière et continue du monde animé, chaque changement de faune ou de flore doit correspondre à une époque déterminée ; l'état de développement des êtres doit donc indiquer leur âge.

Effectivement les stades d'évolution qui marquent les changements de l'organisme, marquent en même temps les principales divisions des temps géologiques.

Bien plus, cette nouvelle manière de faire de la paléontologie est moins difficile qu'on ne l'imagine d'ordinaire, elle est même moins compliquée que l'ancienne méthode. La nature, en effet, est simple; le nombre des types est borné. Les noms dont on a encombré l'histoire naturelle font croire à une complication qui n'existe pas.

Une multitude de formes, différentes en apparence, ne sont qu'une seule et même forme qui a subi peu à peu des changements dans l'immensité des âges géologiques. C'est à suivre les types dans leurs mutations pour les retrouver aux diverses époques que nous devons discipliner nos regards.

C'est donc à bon droit que M. Gaudry pouvait dire il y a quelques années :

« La Paléontologie qui a été tant repoussée, bal-

lottée de la zoologie à la géologie, est une enfant de
la France, elle est née dans le Museum. Cette enfant
était d'abord chétive; mais elle s'est développée
rapidement.; regardez-là bien, elle est devenue une
grande et belle fille, avec elle on se plait à rêver (1). »

Toutefois, l'auteur reconnait que l'on a, comme
à plaisir, compliqué cette science : « rendons, dit-
il, son langage plus clair, otons-lui ses enveloppes
disparates, nous la verrons à nu, rayonnant à travers les âges, simple et charmante, telle que Dieu
l'a faite ».

La Paléontologie est encore trop peu avancée
pour permettre de bien comprendre les services que
l'étude de l'évolution pourra rendre aux géologues.
Cependant, dans le volume que j'analyse (2),
M. Gaudry accumule les exemples qui dès à présent
démontrent l'utilité, au point de vue pratique, de
la paléontologie évolutionniste. Ces exemples vien-
nent d'ailleurs corroborer et compléter ceux que
l'illustre naturaliste avait indiqués dans ses *Enchainements du monde animal*.

Le lecteur qui désire étudier en détail ces exemples voudra bien se reporter aux ouvrages de
M. Gaudry, car, sans entrer dans des détails techniques, oiseux pour plusieurs, il me serait impossible
de résumer cette partie de l'*Essai de paléontologie
philosophique*.

M. Gaudry, il est bon de le constater, est le premier à recommander une excessive prudence lorsqu'il s'agit d'appliquer les doctrines de l'évolution à
la détermination de l'âge des couches géologiques.
En effet, l'évolution s'est produite d'une manière

<hr>

(1) *Gaudry*, op. cit. p. 158.
(2) *Gaudry*, loc. cit. p. 158 à 191.

inégale ; de tout temps il y a eu des êtres plus ou moins avancés dans leur développement, soit par suite d'événements physiques, soit par suite de causes que nous ignorons encore. Ainsi, sans parler des faunes et des flores disparues, nous ne devons pas oublier que l'actuelle faune de l'Australie est à peu de chose près dans l'état d'évolution où était la faune de l'Europe à l'époque secondaire et que celle de Madagascar a quelques rapports avec la faune oligocène de l'Europe.

Bien plus, dans la société humaine, les développements individuels ne nous offrent-ils pas des inégalités ?

Une conclusion s'impose : la méthode rationnelle évolutionniste ne saurait faire abandonner la méthode empirique qui se base sur l'observation des espèces : « dans l'état actuel de nos connaissances ; les différences d'espèces sont comme les chiffres d'un cadran d'horloge, qui marquent les minutes ; les stades d'évolution sont comme les chiffres qui marquent les heures. »

Applications zoologiques et botaniques. — Ce n'est pas tout, la doctrine de l'évolution pourra rendre des services pour la nomenclature des êtres organisés. En effet, lorsqu'on aura acquis la certitude que les espèces, loin d'être fixes, ont subi d'incessantes modifications, on renoncera à créer des noms pour les moindres différences, on les réservera pour les changements de quelque importance : par suite la nomenclature en sera simplifiée et rendue plus accessible.

« Ce sera là une heureuse chose, car un des plus doux plaisirs qui puissent être donnés à l'homme est l'étude de la merveilleuse nature, dont il est le couronnement. »

VIII

CONCLUSION

Avant les découvertes de la Paléontologie, les naturalistes ont cru à la fixité et à la durée des espèces (1). Aujourd'hui leur définition de l'espèce — *un assemblage d'individus qui donnent en s'accouplant des produits féconds* — est abandonnée et remplacée par celle-ci, proposée par M. Gaudry : *l'espèce est l'assemblage des individus qui ne sont pas encore assez différenciés pour cesser de donner ensemble des produits féconds.*

Comment expliquer alors les enchaînements des êtres s'il n'y a pas eu de croisements entre les différentes espèces ? Comment les transformations entre elles ont eu lieu ? Lamarck, dans une théorie récemment reprise par Cope, a mis en avant l'influence que l'exercice a produite sur les organes ; Darwin, on le sait, a fait intervenir *the natural selection* et *the struggle for life.* Il est admissible que les nombreux changements physiques produits à la surface du globe ont eu une action ; les microbes n'ont pas été sans importance, etc.

---

(1) M. Gaudry cite une phrase de Quatrefages : *l'espèce demeure une entité indélébile.* (Les émules de Darwin, vol. II, p. 288 — ouvrage publié en 1894.)

M. Gaudry avoue que jusqu'à présent on connaît très peu les causes des transformations des êtres, et il ajoute : « Je ne saurais m'en occuper, la tache que j'ai entreprise me parait déjà assez difficile. »

Pour ma part, je regrette que le consciencieux auteur de « l'Essai » n'ait pas repassé, au simple point de vue philosophique, les diverses théories émises par les principaux fondateurs de la doctrine évolutionniste,

Quoi qu'il en soit, nous savons aujourd'hui qu'un *plan* domine l'histoire de la nature; la Paléontologie est l'étude de ce plan.

Après avoir rappelé les théories de Descartes sur *l'automatisme* des animaux et celles de Leibnitz sur la *dynamique*, M. Gaudry déclare que, selon lui, l'être animé est une force, ou mieux une réunion de forces, les unes organiques et matérielles, les autres pensantes et immatérielles.

De même que le développement des êtres, le développement des forces a été progressif. Dans les précédents chapitres nous avons vu que le nombre des êtres, leur différenciation, la dimension de leur corps, leur activité, leur sensibilité, leur intelligence ont augmenté peu à peu pendant le cours des âges géologiques.

En résumé, l'histoire du monde nous révèle un progrès qui s'est continué à travers les âges. Ce progrès s'arrêtera-t-il en ce qui concerne les plantes et les animaux ? il est difficile de le dire. Mais il nous plait d'espérer que l'homme n'a pas atteint son perfectionnement.

Jusqu'ici nous nous sommes tenus à des considérations purement scientifiques que les naturalistes, les géologues en particulier, n'ont fait aucune difficultés à admettre. Mais si nous passons à la délimitation des forces organiques et des forces pensantes nous nous heurtons à des systèmes philosophiques préconçus.

En effet, le livre de M. Gaudry soulève des questions très hautes et très difficiles, qui peuvent être ramenées à deux points principaux : 1° rapport du monde animé avec les principes pensants ; 2° rapport du monde animé avec Dieu.

En premier lieu nous devons avouer que les limites des forces organiques et des forces pensantes sont très difficiles à tracer. Mais si l'on étudie le monde actuel et l'homme, la difficulté est la même que si l'on regarde l'ensemble des êtres dans les temps géologiques. Nous sommes donc obligés d'admettre que des êtres qui ont eu une commune origine ont pu avoir des personnalités bien distinctes.

Or, dit M. Gaudry, « quel que doive être un jour son génie, un homme commence par être un vitellus microscopique, puis un blastoderme, puis un fœtus ; ensuite il vient au monde, sa sensibilité se manifeste, son activité augmente et plus tard brille une lueur d'intelligence qui grandit lentement. Il y a donc apparition de forces nouvelles, car il est difficile de prétendre que les ovules contenus dans les ovaires de la mère, ou les animalcules spermatiques du père possèdent en eux un principe intellectuel. »

Ceci posé, M. Gaudry continue : « en quoi la difficulté d'établir la limite des phénomènes physiques et matériels est-elle plus choquante, s'il s'agit des temps passés, que lorsqu'il s'agit des temps présents ? » (1) A ce propos il rappelle que la personnalité humaine, si manifeste chez les adultes, est confuse dans l'état embryonnaire : parce qu'un être descend d'un autre, cela n'empêche pas que son

____

(1) Cf. *Schimper, Traité de paléontologie végétale*, p. 57.

intelligence devienne personnelle; puisqu'on admet que l'intelligence de la mère est distincte de celle de ses enfants, il faut aussi admettre que l'intelligence de l'homme est distincte de celle des animaux, alors même que l'on découvre entre eux d'étroits rapports qui font songer à une commune descendance.

« Il y a en chacun de nous, si nobles, si pures que soient nos aspirations, des tendances bestiales qui nous font rougir : « c'est de l'atavisme ». Malgré tout, « nous nous éloignons de plus en plus du monde matériel, d'où notre corps est sorti, pour nous élever vers l'infini. »

En second lieu il est facile de constater que des forces nouvelles ont continuellement apparu dans le monde. Comme ces forces ne peuvent exister sans un moteur, il faut supposer un moteur, c'est-à-dire Dieu, agissant d'une manière incessante.

Il est vrai qu'en faisant intervenir Dieu sans cesse dans la nature on se trouve près du panthéisme. Entre le *dualisme* antique qui sépare trop Dieu du monde et le panthéisme, qui en les unissant trop les confond, il y a place pour la *vérité*.

A n'envisager que la nature, abstraction faite de l'humanité, on comprend le panthéisme; si l'on envisage non seulement la nature mais encore l'humanité, le panthéisme est inadmissible, ou alors, si le monde se confond avec Dieu, les hommes qui font partie du monde se confondent aussi ; cela revient à nier la personnalité humaine, cela revient à nous considérer tous comme des insensés.

Mais alors l'homme formerait une exception dans la nature, qui a été, qui est harmonie. Cela revient à nier tous les progrès accomplis par notre race depuis les temps historiques.

Cet argument nous paraît assez péremptoire pour

qu'il soit inutile de citer ceux dont se servent habi-
tuellement les spiritualistes pour combattre l'idée
de confondre Dieu avec la nature. Mais il en est un
tiré de l'étude même des transformations, je tiens
à le rapporter à la suite de M. Gaudry :

En effet, les transformations que la paléontologie
a découvertes ont eu lieu suivant un plan qui indi-
que un organisateur immuable.

Il y a trop d'opposition entre les êtres toujours
changeants et leur Auteur, qui ne change jamais,
pour qu'ils puissent être confondus ensemble.

Pour terminer, M. Gaudry s'écrie:

« L'âme du paléontologiste, fatiguée de tant de
mutations, de tant de fragilité, est portée facilement
à chercher un point fixe où elle se repose; elle se
complait dans l'idée d'un Etre infini, qui au milieu
des changements des mondes, ne change point. »

Achevé d'imprimer

à ALAIS

Pour

Le

LA LIBRAIRIE FISCHBACHER

18 JANVIER 1898

PAR

LÉOPOLD BRUSSET-BLANC